Inhaltsverzeichnis

© 2009 Schroedel, Braunschweig

Zahlenwerkstatt – Materialsammlung Fordern Arbeitsheft 1 – 978-3-507-04541-5

Welches Teil passt nicht? Kreise ein.

 1

Hund

Katze

Maus

Hamster

Ente

Hase

●

 2

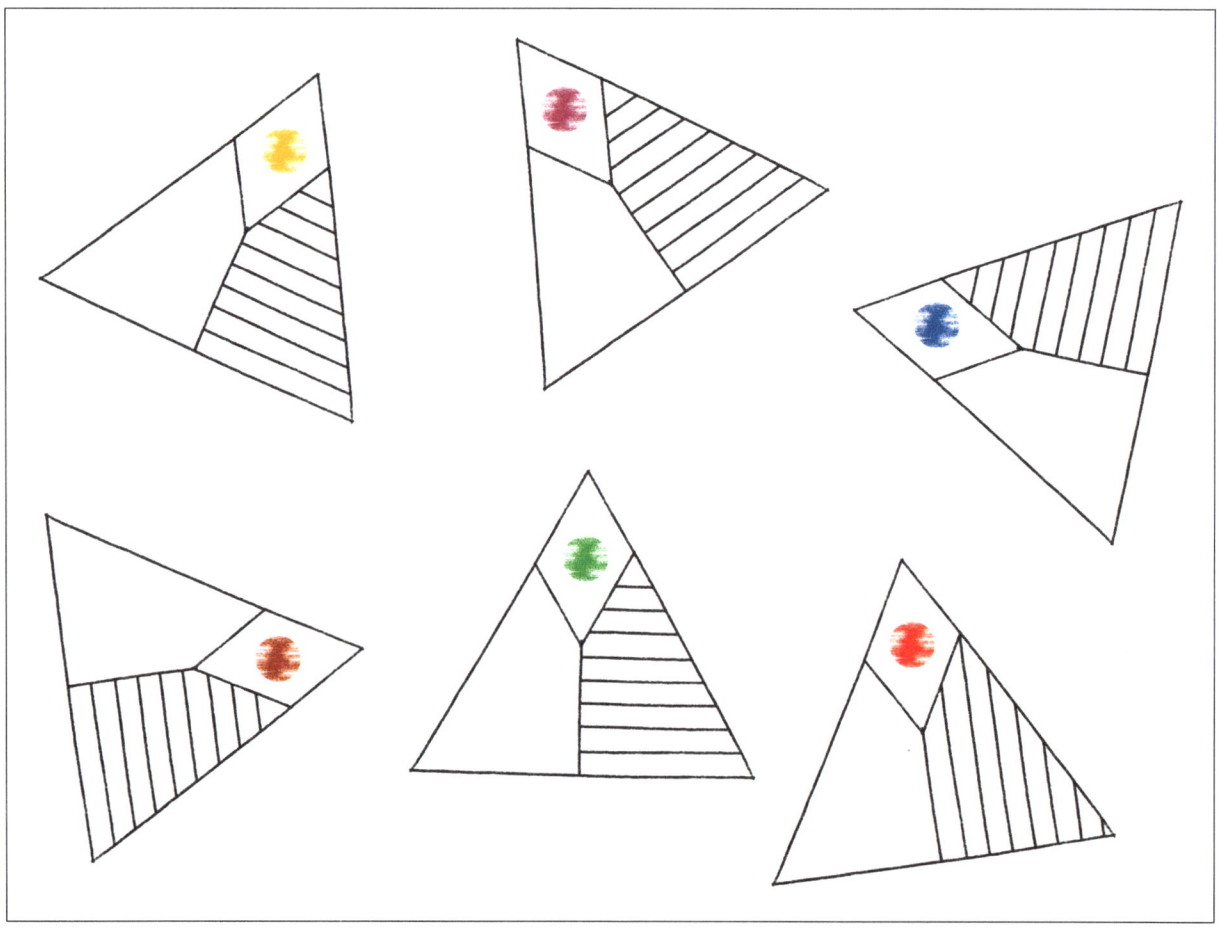

●

Welche Zahl passt nicht? Kreise ein.

1

9   5   10
    3   4
      8
  12   2
1
      7
    6

2

        11   19
  7
          13
      9
  3   5
            14
    15
      17   1

3

            1
17
      9   21
            13
  11   25   5

Schau genau

Kreise die Zahlen ein.

1 ⑧
```
2 2 2 2 2 2 2 2 2 2
2 2 8 2 2 2 2 8 2 2
2 8 2 8 2 2 8 2 8 2
2 2 8 2 2 2 2 8 2 2
2 8 2 8 2 2 8 2 8 2
2 2 8 2 2 2 2 8 2 2
2 8 2 8 2 2 2 2 2 2
2 2 8 2 2 2 2 2 2 2
2 8 2 8 2 2 2 2 2 2
2 2 8 2 2 2 2 2 2 2
```

2 ③
```
9 9 9 9 9 9 9 9 9 9
3 3 3 9 9 9 9 9 9 9
9 9 3 9 9 9 9 9 9 9
3 3 3 9 3 3 3 9 9 9
9 9 3 9 9 9 3 3 3 3
3 3 3 9 3 3 3 9 9 3
9 9 3 9 9 9 3 3 3 3
3 3 3 9 3 3 3 9 9 3
9 9 3 9 9 9 9 3 3 3
3 3 3 9 9 9 9 9 9 9
```

3 ⑥
```
5 5 5 5 5 5 5 5 5 5
5 6 6 6 5 5 5 5 5 5
5 6 5 5 5 5 5 5 5 5
5 6 6 6 5 6 6 6 5 5
5 6 5 6 5 6 5 5 5 5
5 6 6 6 5 6 6 6 6 6
5 5 5 5 5 6 5 6 5 5
5 5 5 5 5 6 6 6 6 6
5 5 5 5 5 5 5 6 5 6
5 5 5 5 5 5 5 6 6 6
```

4 ①
```
7 7 7 7 7 7 7 7 7 7
7 7 1 7 7 7 1 7 7 7
7 1 1 7 7 1 1 7 7 7
1 7 1 7 1 7 1 7 7 7
7 7 1 7 7 7 1 7 7 7
7 7 1 7 7 7 1 7 7 1
7 7 1 7 7 7 7 7 1 1
7 7 7 7 7 7 7 1 7 1
7 7 7 7 7 7 7 7 7 1
7 7 7 7 7 7 7 7 7 1
```

5 ⑨
```
8 8 8 8 8 8 8 8 8 8
8 8 9 9 9 8 8 8 8 8
8 8 9 8 9 8 8 8 8 8
8 8 9 9 9 8 8 8 8 8
8 8 8 8 9 8 8 8 8 8
8 8 9 9 9 8 9 9 9 8
8 8 8 8 8 8 9 8 9 8
8 8 8 8 8 8 9 9 9 8
8 8 8 8 8 8 8 9 8 8
8 8 8 8 8 8 9 9 9 8
```

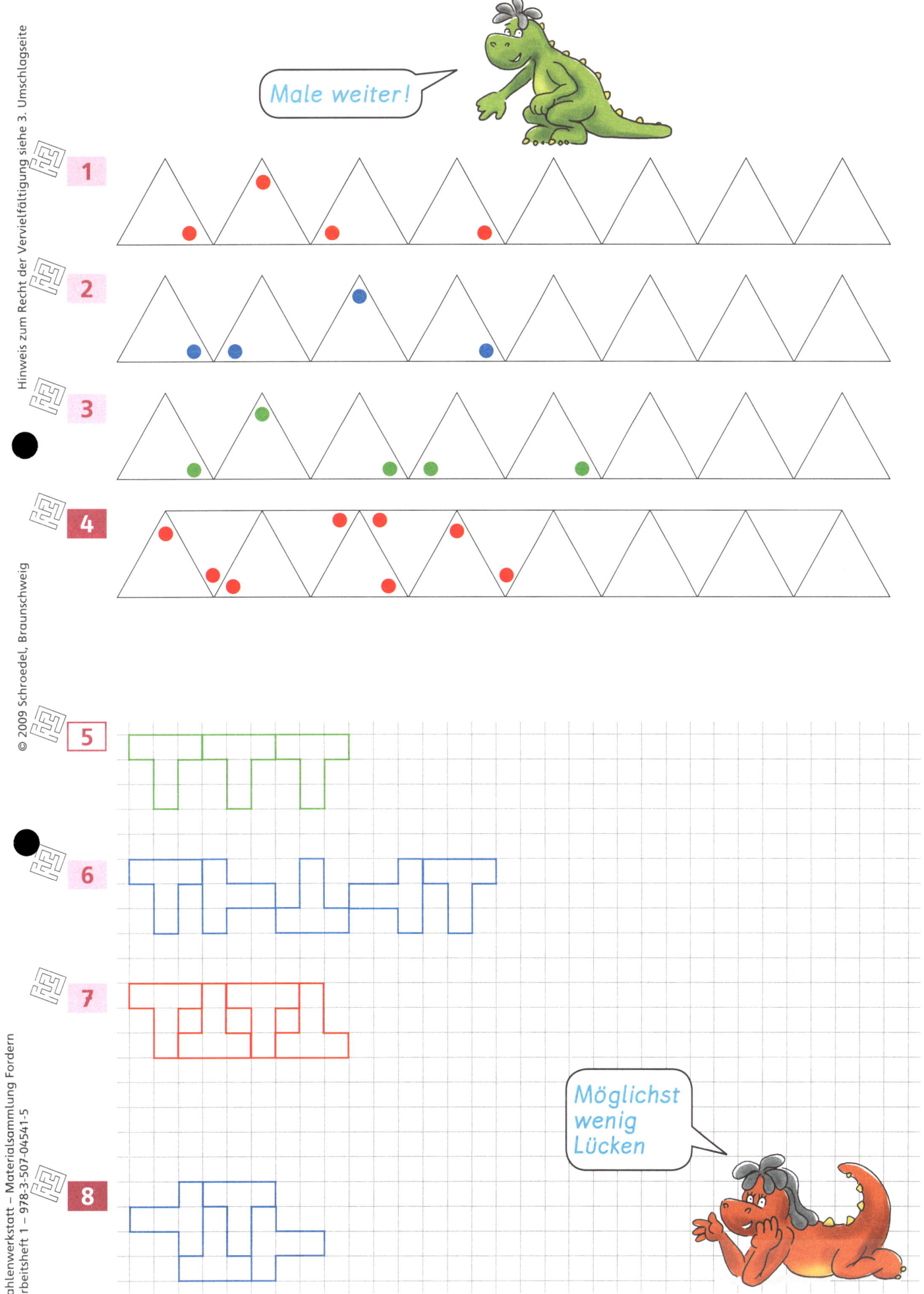

Zahlenwerkstatt – Materialsammlung Fordern
Arbeitsheft 1 – 978-3-507-04541-5

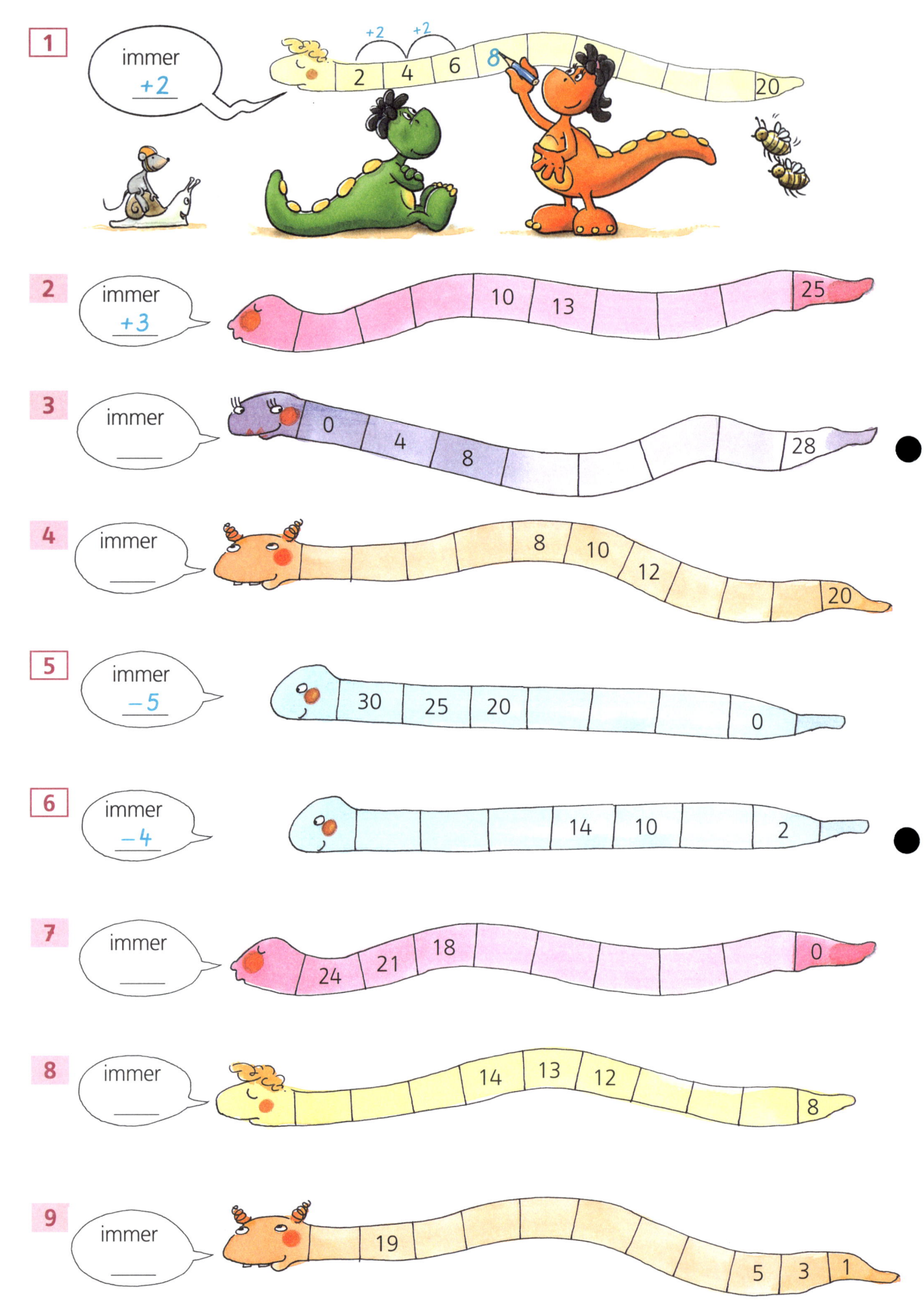

1

immer
+2 −1

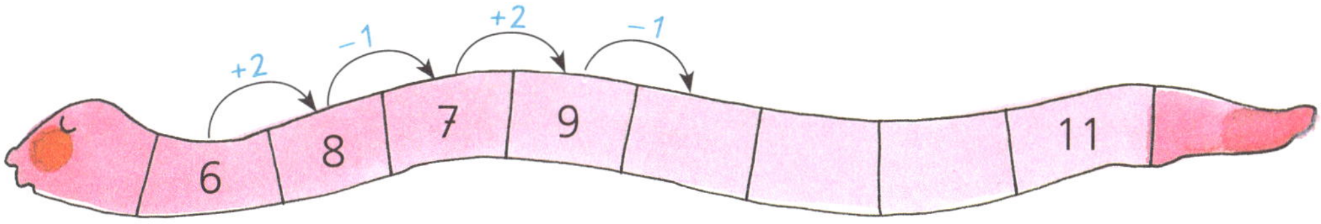

+2
−1
+2
−1
6
8
7
9
11

2

immer
+1 +3

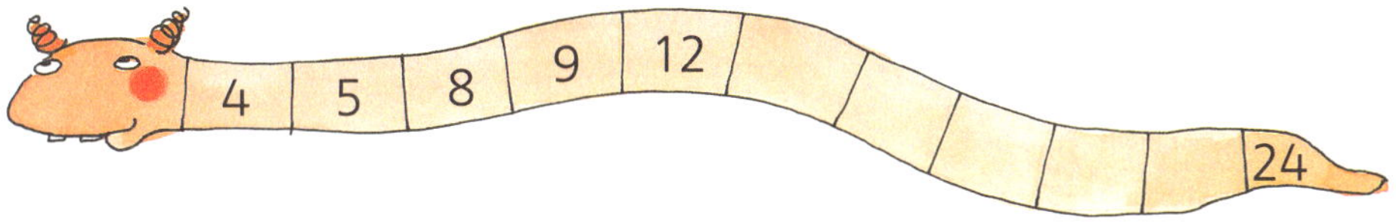

4
5
8
9
12
24

3

immer
−3 +2

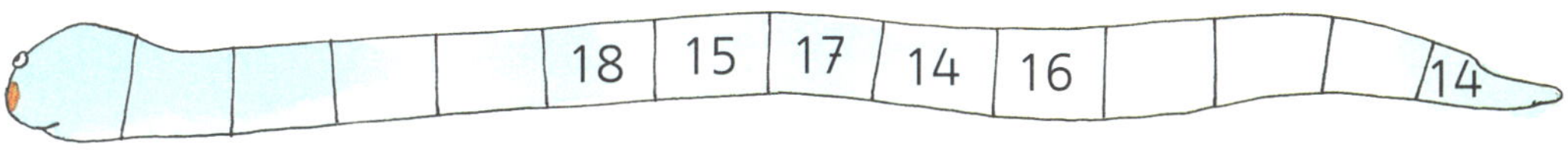

18
15
17
14
16
14

4

immer
____

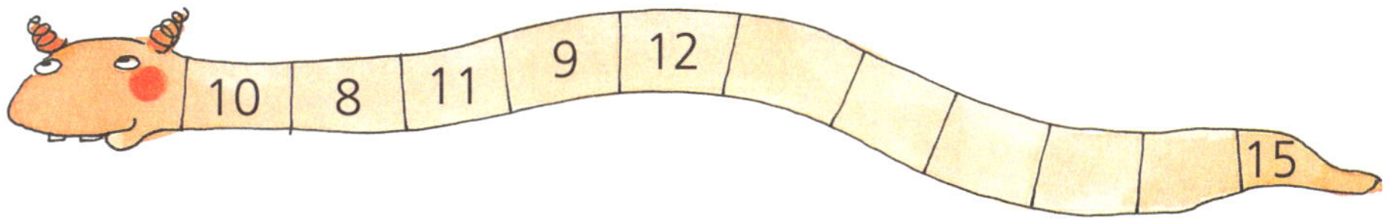

10
8
11
9
12
15

5

immer
____

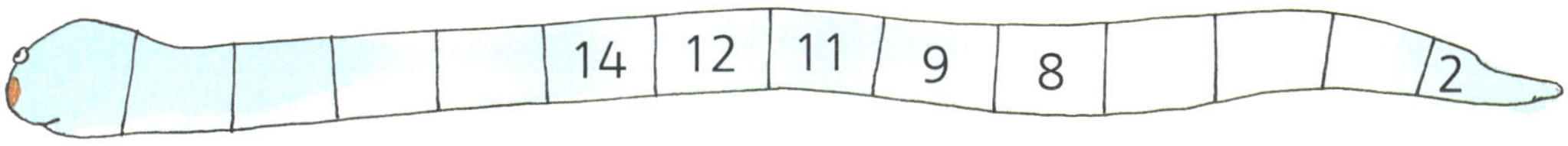

14
12
11
9
8
2

6

immer
____

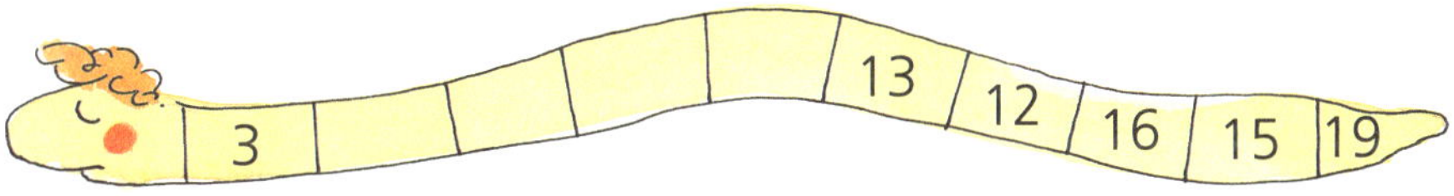

3
13
12
16
15
19

7

immer
____

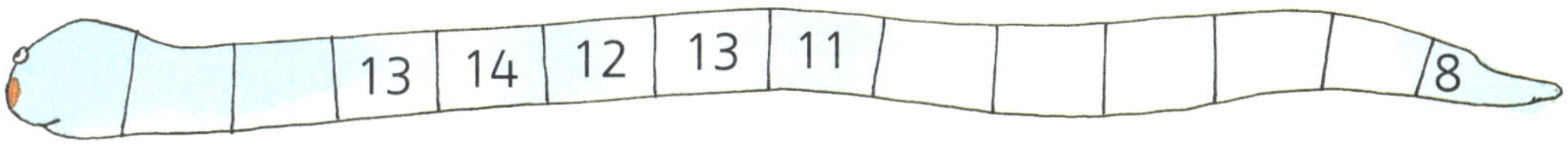

13
14
12
13
11
8

8

immer
____

4
11
16
15
20
19

9

immer
____

14
10
16
12
18
16

Zahlenwerkstatt – Materialsammlung Fordern
Arbeitsheft 1 – 978-3-507-04541-5

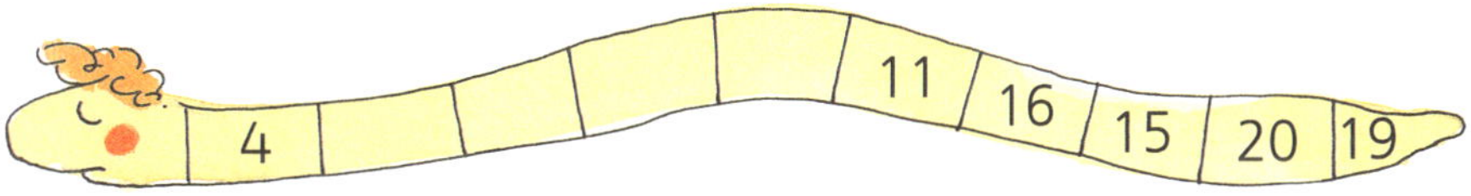

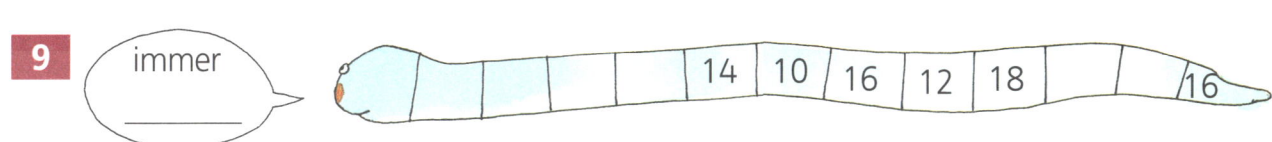

1

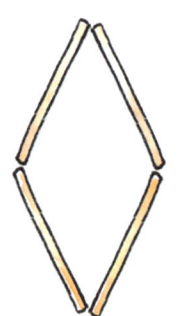 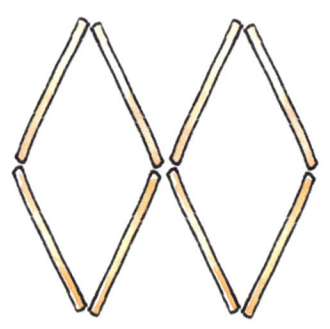 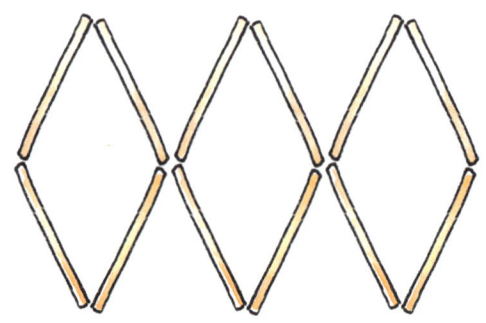

◇	1	2	3	4	5
/	4	8	12		

Immer __4__ Stäbchen mehr.

2

 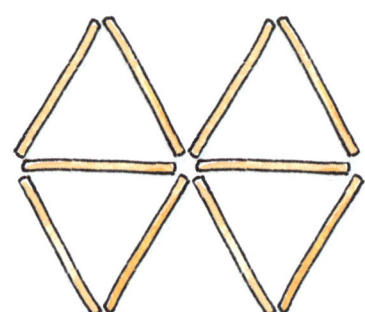 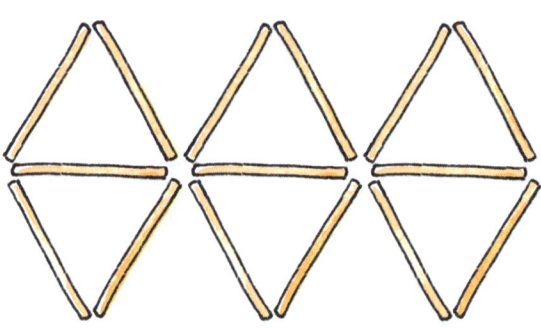

◇	1	2	3	4	5
/	5	10			

Immer _____ Stäbchen mehr.

3

 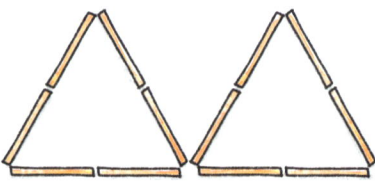 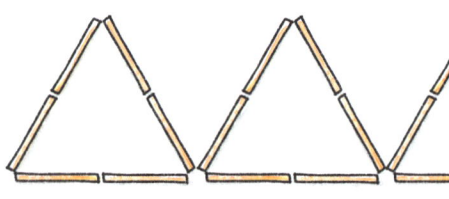

△	1	2	3	4	5
/	6	12			

Immer _____ Stäbchen mehr.

1

▯	1	2	3	4	5
/	5	9			

Immer ___4___ Stäbchen mehr.

2

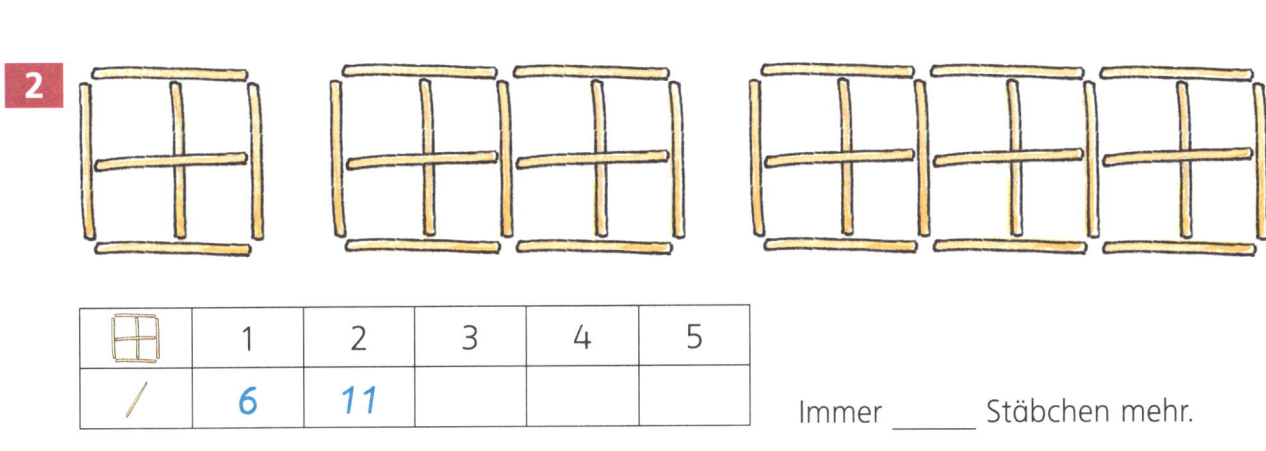

⊞	1	2	3	4	5
/	6	11			

Immer _____ Stäbchen mehr.

3

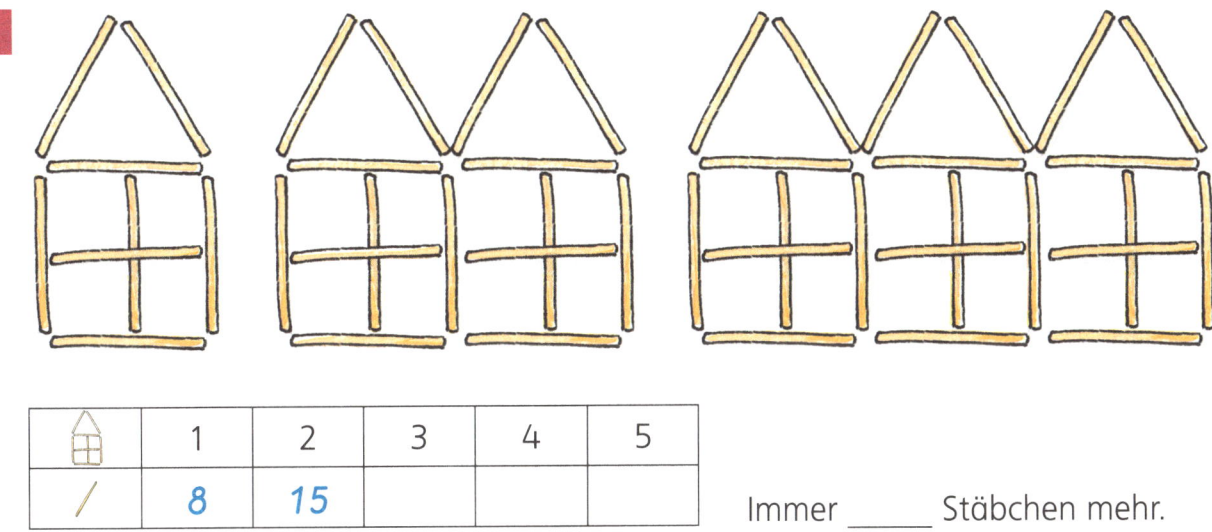

⌂	1	2	3	4	5
/	8	15			

Immer _____ Stäbchen mehr.

Hinweis zum Recht der Vervielfältigung siehe 3. Umschlagseite

© 2009 Schroedel, Braunschweig

Zahlenwerkstatt – Materialsammlung Fordern
Arbeitsheft 1 – 978-3-507-04541-5

1 3 Schuss – 3 Treffer

Finde 10 verschiedene Ergebnisse.

$\boxed{10}$ + $\boxed{6}$ + $\boxed{6}$ = _____

$\square$ + $\square$ + $\square$ = _____
$\square$ + $\square$ + $\square$ = _____
$\square$ + $\square$ + $\square$ = _____
$\square$ + $\square$ + $\square$ = _____
$\square$ + $\square$ + $\square$ = _____

$\square$ + $\square$ + $\square$ = _____
$\square$ + $\square$ + $\square$ = _____
$\square$ + $\square$ + $\square$ = _____
$\square$ + $\square$ + $\square$ = _____
$\square$ + $\square$ + $\square$ = _____

2 4 Schuss – 4 Treffer

$\boxed{4}$ + $\boxed{3}$ + $\boxed{2}$ + $\boxed{2}$ = _____

$\square$ + $\square$ + $\square$ + $\square$ = _____
$\square$ + $\square$ + $\square$ + $\square$ = _____
$\square$ + $\square$ + $\square$ + $\square$ = _____
$\square$ + $\square$ + $\square$ + $\square$ = _____
$\square$ + $\square$ + $\square$ + $\square$ = _____

$\square$ + $\square$ + $\square$ + $\square$ = _____
$\square$ + $\square$ + $\square$ + $\square$ = _____
$\square$ + $\square$ + $\square$ + $\square$ = _____
$\square$ + $\square$ + $\square$ + $\square$ = _____
$\square$ + $\square$ + $\square$ + $\square$ = _____

Zahlenwerkstatt – Materialsammlung Fordern
Arbeitsheft 1 – 978-3-507-04541-5

Finde für deine Zielscheibe 10 verschiedene Ergebnisse.

1 2 Schuss – 2 Treffer

$\square$ + $\square$ = _____

$\square$ + $\square$ = _____

$\square$ + $\square$ = _____

$\square$ + $\square$ = _____

$\square$ + $\square$ = _____

$\square$ + $\square$ = _____

$\square$ + $\square$ = _____

$\square$ + $\square$ = _____

$\square$ + $\square$ = _____

$\square$ + $\square$ = _____

2 3 Schuss – 3 Treffer

$\square$ + $\square$ + $\square$ = _____

$\square$ + $\square$ + $\square$ = _____

$\square$ + $\square$ + $\square$ = _____

$\square$ + $\square$ + $\square$ = _____

$\square$ + $\square$ + $\square$ = _____

$\square$ + $\square$ + $\square$ = _____

$\square$ + $\square$ + $\square$ = _____

$\square$ + $\square$ + $\square$ = _____

$\square$ + $\square$ + $\square$ = _____

$\square$ + $\square$ + $\square$ = _____

Regel

1 + 2 = 3
2 + 2 = 4
3 + 2 = 5
4 + 2 = 6
_____

1. Zahl
immer _1_ mehr
2. Zahl
immer _gleich_
Ergebnis
immer _1_ mehr

Finde die Regel und trage die fehlenden Zahlen ein.

1

1. Zahl
immer _____
2. Zahl
immer _____ mehr
Ergebnis
immer _____ mehr

6 + 6 =
6 + 7 =
6 + 8 =
___ + ___ =
___ + ___ =

9 + 4 =
9 + 5 =
9 + 6 =
___ + ___ =
___ + ___ =

13 + 2 =
13 + 3 =
13 + 4 =
___ + ___ =
___ + ___ =

Trage die fehlenden Zahlen ein und setze fort.

2

1. Zahl
immer _2_ weniger
2. Zahl
immer _1_ mehr
Ergebnis
immer _____

12 + 4 =
10 + 5 =
___ + ___ =
___ + ___ =
___ + ___ =

16 + 3 =
___ + ___ =
___ + ___ =
___ + ___ =
___ + ___ =

17 + 4 =
___ + ___ =
___ + ___ =
___ + ___ =
___ + ___ =

3

1. Zahl
immer _____ weniger
2. Zahl
immer _gleich_
Ergebnis
immer _1_ weniger

8 + 5 = 13
___ + 5 = 12
___ + ___ =
___ + ___ =
___ + ___ =

11 + 7 = 18
___ + 7 = 17
___ + ___ =
___ + ___ =
___ + ___ =

6 + 10 = 16
___ + 10 = 15
___ + ___ =
___ + ___ =
___ + ___ =

Hinweis zum Recht der Vervielfältigung siehe 3. Umschlagseite

© 2009 Schroedel, Braunschweig

Zahlenwerkstatt – Materialsammlung Fordern
Arbeitsheft 1 – 978-3-507-04541-5

Finde die Regel und trage die fehlenden Zahlen ein.

1

| 20 – 6 = |
| 20 – 5 = |
| 20 – 4 = |
| ___ – ___ = |
| ___ – ___ = |

| 17 – 9 = |
| 17 – 8 = |
| 17 – 7 = |
| ___ – ___ = |
| ___ – ___ = |

| 15 – 11 = |
| 15 – 10 = |
| 15 – 9 = |
| ___ – ___ = |
| ___ – ___ = |

1. Zahl
immer <u>gleich</u>
2. Zahl
immer <u>1</u> weniger
Ergebnis
immer _____ mehr

2

| 8 – 8 = |
| 10 – 6 = |
| 12 – 4 = |
| ___ – ___ = |
| ___ – ___ = |

| 12 – 9 = |
| 14 – 7 = |
| 16 – 5 = |
| ___ – ___ = |
| ___ – ___ = |

| 14 – 12 = |
| 16 – 10 = |
| 18 – 8 = |
| ___ – ___ = |
| ___ – ___ = |

1. Zahl
immer _____ mehr
2. Zahl
immer _____ weniger
Ergebnis
immer _____

Trage die fehlenden Zahlen ein und setze fort.

3

1. Zahl
immer <u>1</u> mehr
2. Zahl
immer <u>gleich</u>
Ergebnis
immer _____

| 15 – 9 = |
| 16 – 9 = |
| ___ – ___ = |
| ___ – ___ = |
| ___ – ___ = |

| 7 – 4 = |
| ___ – 4 = |
| ___ – ___ = |
| ___ – ___ = |
| ___ – ___ = |

4

1. Zahl
immer <u>2</u> weniger
2. Zahl
immer _____
Ergebnis
immer <u>1</u> weniger

| 20 – 16 = 4 |
| 18 – 15 = 3 |
| ___ – ___ = |
| ___ – ___ = |

| 18 – 7 = 11 |
| 16 – 6 = 10 |
| ___ – ___ = |
| ___ – ___ = |

| 14 – 9 = 5 |
| 12 – ___ = 4 |
| ___ – ___ = |
| ___ – ___ = |

1

3 + 4 = 7

| 7 |
| 4 |
| 3 |

2

4 + 7 = 11

| 7 |
| 4 |
| 3 |

| 11 |

3

Rechenturm

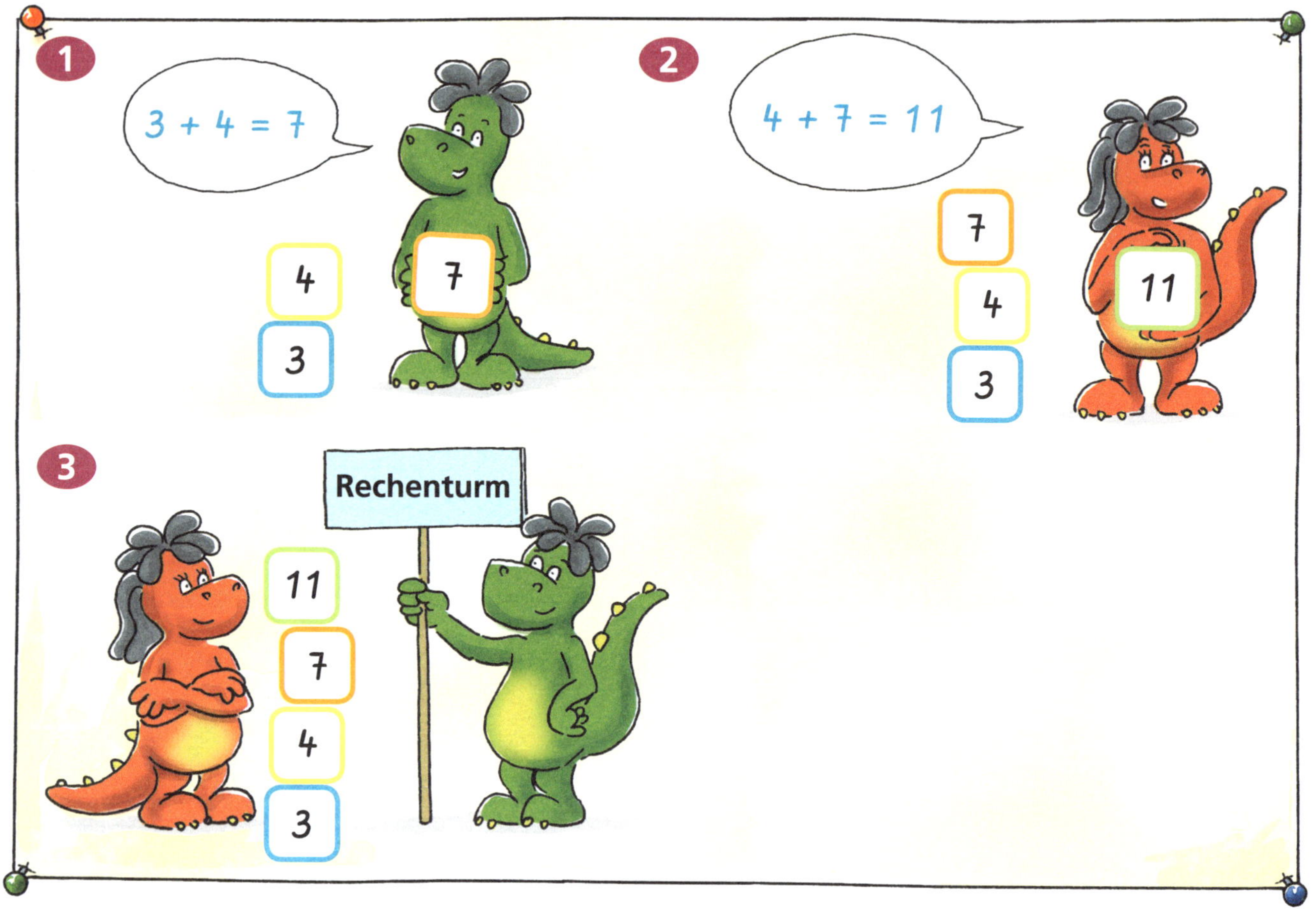

| 11 |
| 7 |
| 4 |
| 3 |

1

| |
| |
| 6 |
| 4 |

2

| |
| 9 |
| 4 |
| |

3

| |
| 11 |
| |
| 3 |

4

| |
| |
| 7 |
| 6 |

5

| |
| 15 |
| |
| 9 |

6

17
13
11   10
3   7
5   6

Baue aus den
Steinen zwei
Türme!

Von Turm zu Turm

1

5	5	5	5
2	4	6	8

4. Stein immer _____ .

3. Stein immer _____ .

2. Stein immer _____ .

1. Stein immer _____ mehr.

2

6	7	8	9
10	9	8	7

4. Stein immer _____ .

3. Stein immer _____ .

2. Stein immer _____ mehr.

1. Stein immer _____ weniger.

3

6	9	12	15
2	3	4	5

4. Stein immer _____ .

3. Stein immer _____ mehr.

2. Stein immer _____ .

1. Stein immer _____ mehr.

4

8	10	12	14
7	6	5	4

4. Stein immer _____ .

3. Stein immer _____ mehr.

2. Stein immer _____ weniger.

1. Stein immer _____ .

Von Turm zu Turm

1 4. Stein immer _____.

3. Stein immer gleich.

2. Stein immer _____.

1. Stein immer 1 mehr.

12

2   3   4   5

2 4. Stein immer _____.

3. Stein immer _____.

2. Stein immer 1 weniger.

1. Stein immer 2 mehr.

11   10

1   3   5   7

●

3 4. Stein immer _____.

3. Stein immer 4 mehr.

2. Stein immer 3 mehr.

1. Stein immer _____.

6   10

1   4

●

4 Meine Rechentürme

4. Stein immer _____.

3. Stein immer _____.

2. Stein immer _____.

1. Stein immer _____.

1 Finde alle Möglichkeiten 10 zu erreichen.

2 Finde alle Möglichkeiten 15 zu erreichen.

3 Finde alle Möglichkeiten 21 zu erreichen.
Wie viele Türme brauchst du?

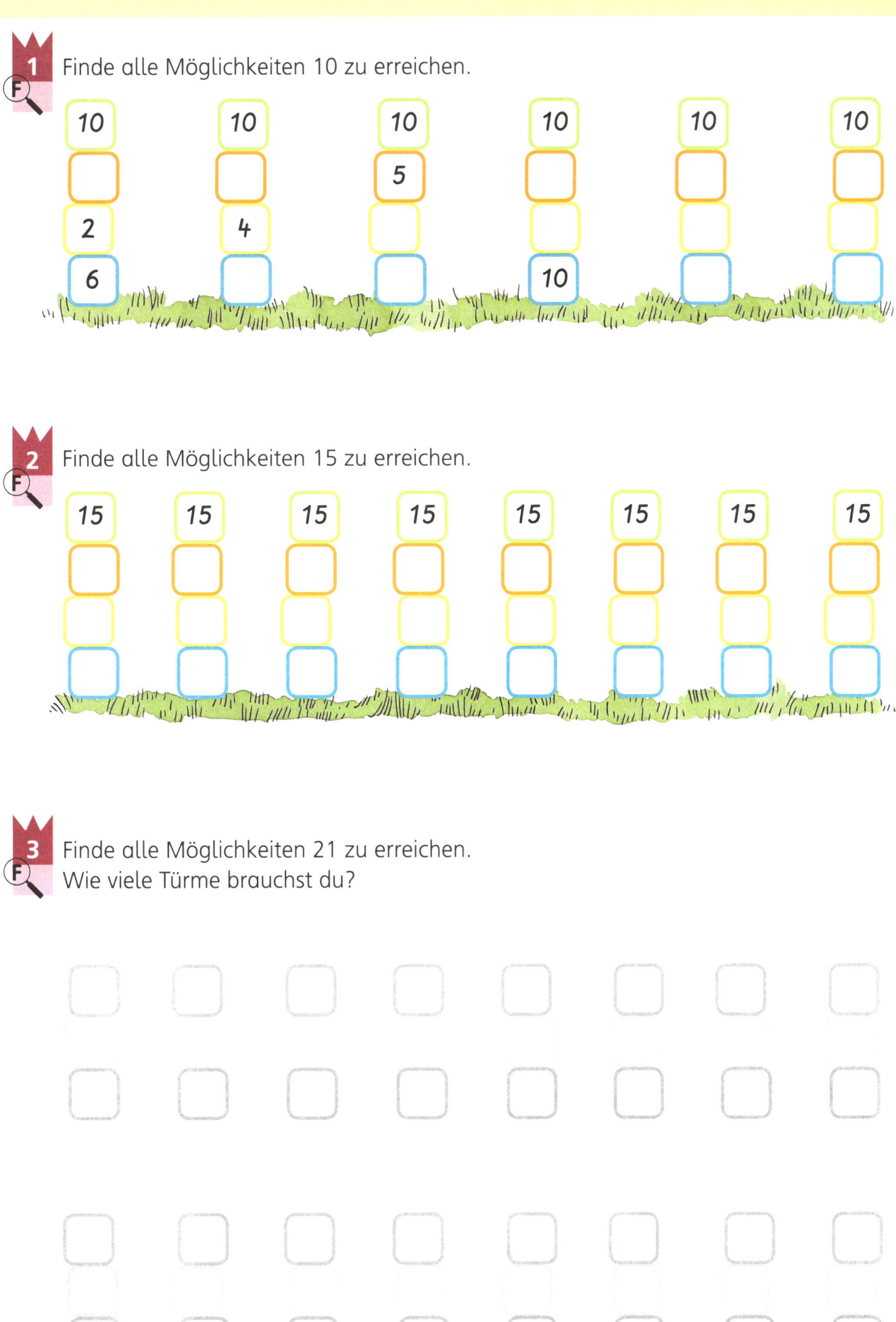

Aus vier verschiedenen Zahlenkarten sechs Aufgaben bilden.

Aufgabe und Tauschaufgabe gelten als eine Aufgabe.

Finde alle sechs Aufgaben.

1

3 4 1 6

__ + __ = 4
__ + __ = 5
__ + __ = 7
__ + __ = 7
__ + __ = 9
__ + __ = 10

2

3 8 2 4

__ + __ = 5
__ + __ = 6
__ + __ = 7
__ + __ = 10
__ + __ = 11
__ + __ = 12

3

5 7 3 9

__ + __ = __
__ + __ = 10
__ + __ = 12
__ + __ = 12
__ + __ = 14
__ + __ = __

4

4 6 8 10

__ + __ = __
__ + __ = 12
__ + __ = 14
__ + __ = 14
__ + __ = 16
__ + __ = __

5

9 7 12 3

__ + __ = 10
__ + __ = __
__ + __ = 15
__ + __ = 16
__ + __ = __
__ + __ = 21

6

5 6 8 11

__ + __ = __
__ + __ = __
__ + __ = __
__ + __ = __
__ + __ = __
__ + __ = __

Finde alle sechs Aufgaben und die fehlenden Zahlenkarten!

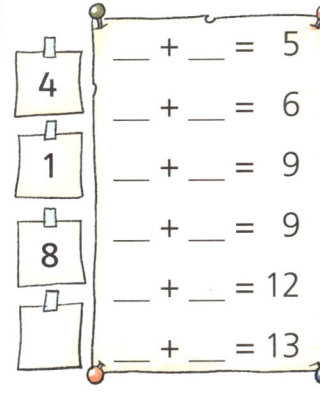

1 — Karten: 4, 1, 8

$$\_\_ + \_\_ = 5$$
$$\_\_ + \_\_ = 6$$
$$\_\_ + \_\_ = 9$$
$$\_\_ + \_\_ = 9$$
$$\_\_ + \_\_ = 12$$
$$\_\_ + \_\_ = 13$$

2 — Karten: 5, 4, 2

$$\_\_ + \_\_ = 5$$
$$\_\_ + \_\_ = 6$$
$$\_\_ + \_\_ = 7$$
$$\_\_ + \_\_ = 7$$
$$\_\_ + \_\_ = 8$$
$$\_\_ + \_\_ = 9$$

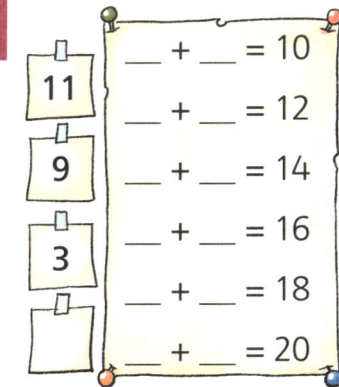

3 — Karten: 11, 9, 3

$$\_\_ + \_\_ = 10$$
$$\_\_ + \_\_ = 12$$
$$\_\_ + \_\_ = 14$$
$$\_\_ + \_\_ = 16$$
$$\_\_ + \_\_ = 18$$
$$\_\_ + \_\_ = 20$$

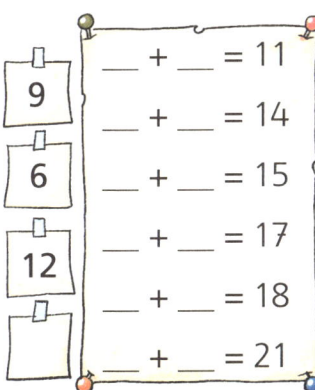

4 — Karten: 9, 6, 12

$$\_\_ + \_\_ = 11$$
$$\_\_ + \_\_ = 14$$
$$\_\_ + \_\_ = 15$$
$$\_\_ + \_\_ = 17$$
$$\_\_ + \_\_ = 18$$
$$\_\_ + \_\_ = 21$$

Finde auch die fehlende Zahlenkarte

5 — Karten: 7, 4, 12

$$\_\_ + \_\_ = 11$$
$$\_\_ + \_\_ = 15$$
$$\_\_ + \_\_ = 16$$
$$\_\_ + \_\_ = 18$$
$$\_\_ + \_\_ = 19$$
$$\_\_ + \_\_ = 23$$

6 — Karten: 1, 5

$$\_\_ + \_\_ = 5$$
$$\_\_ + \_\_ = 6$$
$$1 + \_\_ = 7$$
$$\_\_ + 5 = 9$$
$$\_\_ + \_\_ = 10$$
$$\_\_ + \_\_ = 11$$

7 — Karten: 2, 5

$$\_\_ + \_\_ = 2$$
$$\_\_ + 5 = 5$$
$$\_\_ + \_\_ = 7$$
$$\_\_ + \_\_ = 7$$
$$2 + \_\_ = 9$$
$$\_\_ + \_\_ = 12$$

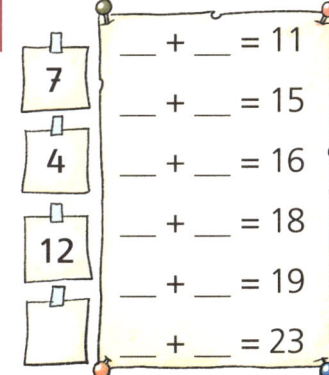

8 — Karten: 4, 8

$$\_\_ + \_\_ = 7$$
$$\_\_ + \_\_ = 9$$
$$4 + \_\_ = 10$$
$$\_\_ + \_\_ = 11$$
$$\_\_ + \_\_ = 12$$
$$\_\_ + 8 = 14$$

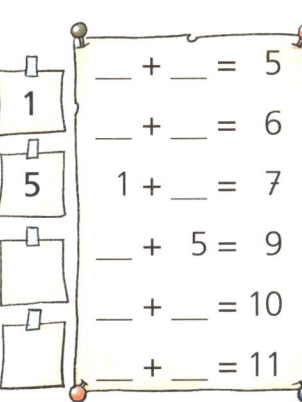

9 — Karten: 2, 5

$$\_\_ + 2 = 6$$
$$\_\_ + \_\_ = 7$$
$$\_\_ + \_\_ = 9$$
$$\_\_ + \_\_ = 12$$
$$\_\_ + \_\_ = 14$$
$$\_\_ + \_\_ = 15$$

10 — Karten: 9, 3

$$3 + \_\_ = 9$$
$$\_\_ + \_\_ = 11$$
$$\_\_ + \_\_ = 12$$
$$\_\_ + \_\_ = 14$$
$$\_\_ + \_\_ = 15$$
$$\_\_ + \_\_ = 17$$

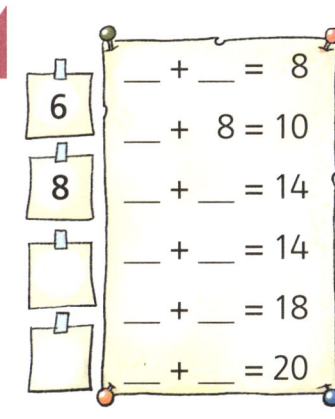

11 — Karten: 6, 8

$$\_\_ + \_\_ = 8$$
$$\_\_ + 8 = 10$$
$$\_\_ + \_\_ = 14$$
$$\_\_ + \_\_ = 14$$
$$\_\_ + \_\_ = 18$$
$$\_\_ + \_\_ = 20$$

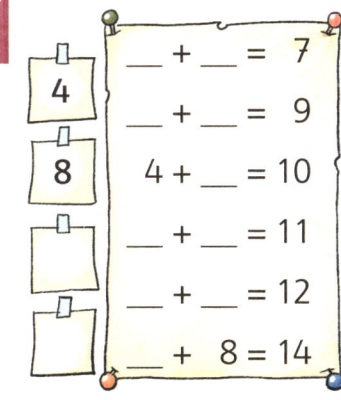
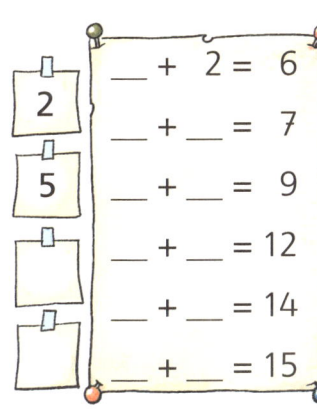
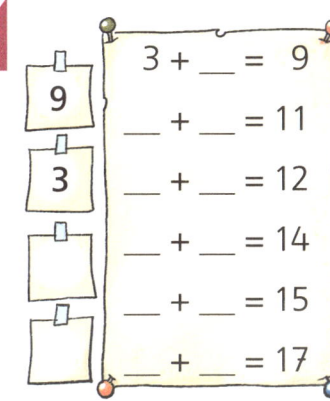

Hinweis zum Recht der Vervielfältigung siehe 3. Umschlagseite

© 2009 Schroedel, Braunschweig

Zahlenwerkstatt – Materialsammlung Fordern
Arbeitsheft 1 – 978-3-507-04541-5

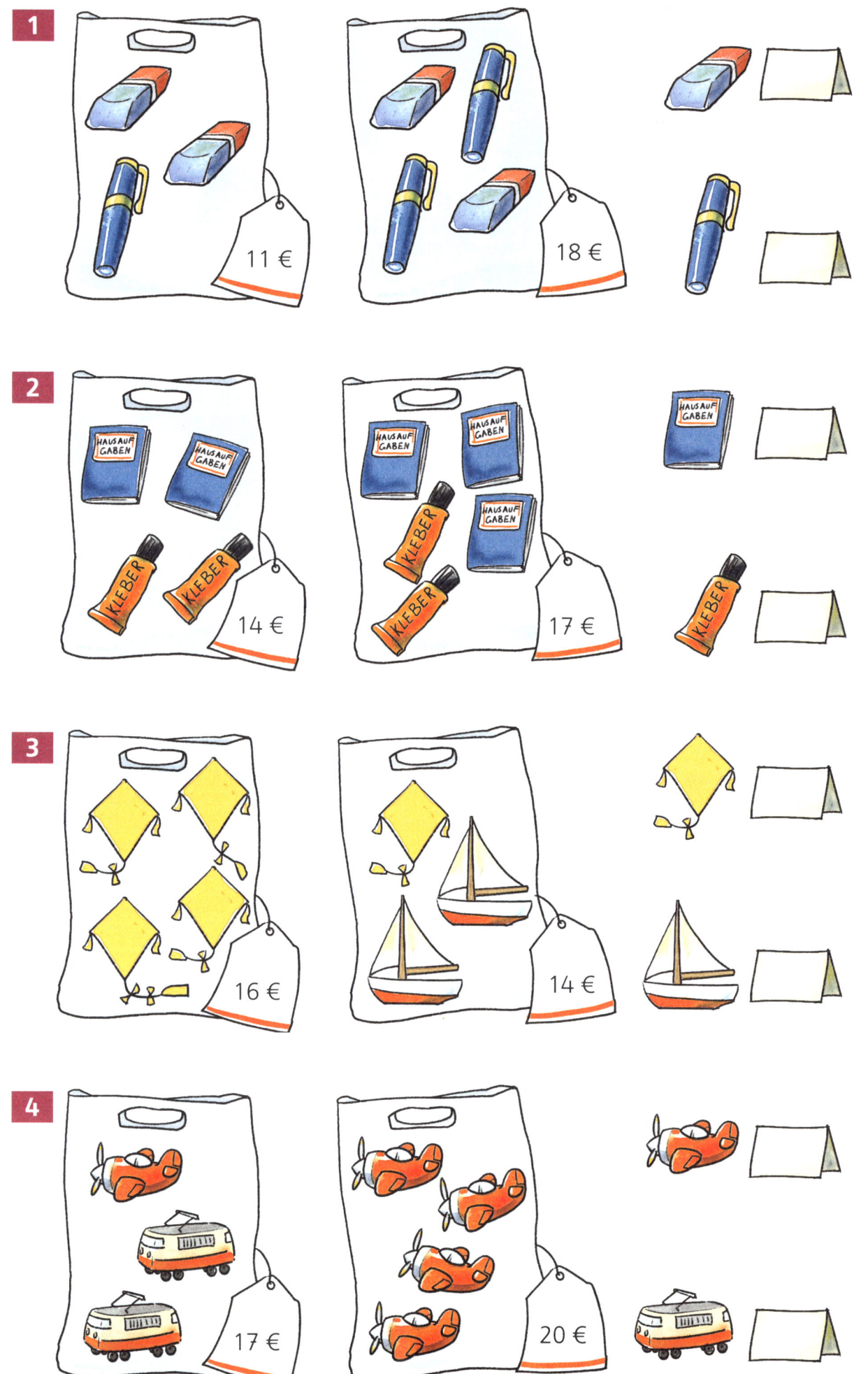

Hinweis zum Recht der Vervielfältigung siehe 3. Umschlagseite

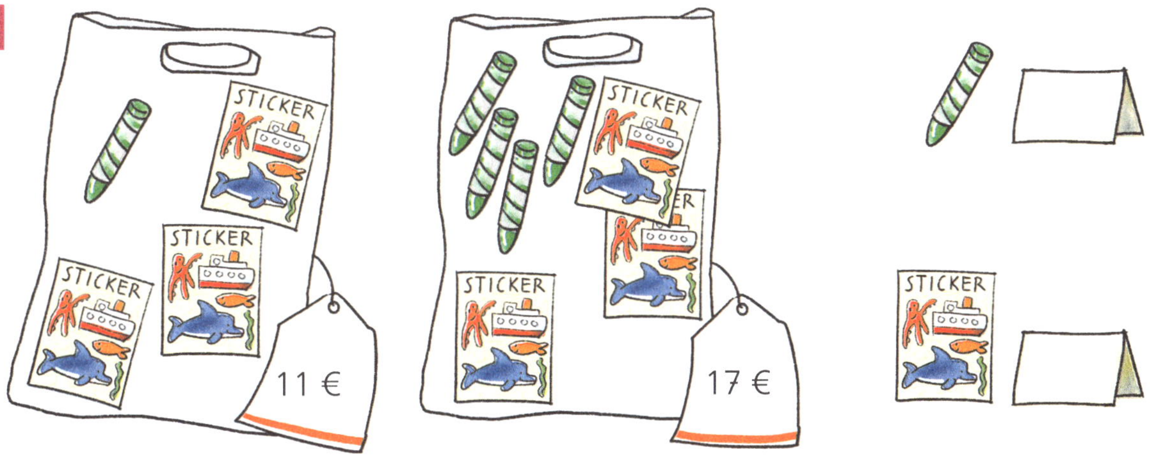

© 2009 Schroedel, Braunschweig

Zahlenwerkstatt – Materialsammlung Fordern
Arbeitsheft 1 – 978-3-507-04541-5

1 19 € 17 €

2 11 € 17 €

3 KREIDE 18 € KREIDE KREIDE 15 €

4 20 € 22 €

Wie viele ▭ Rechtecke sind es?

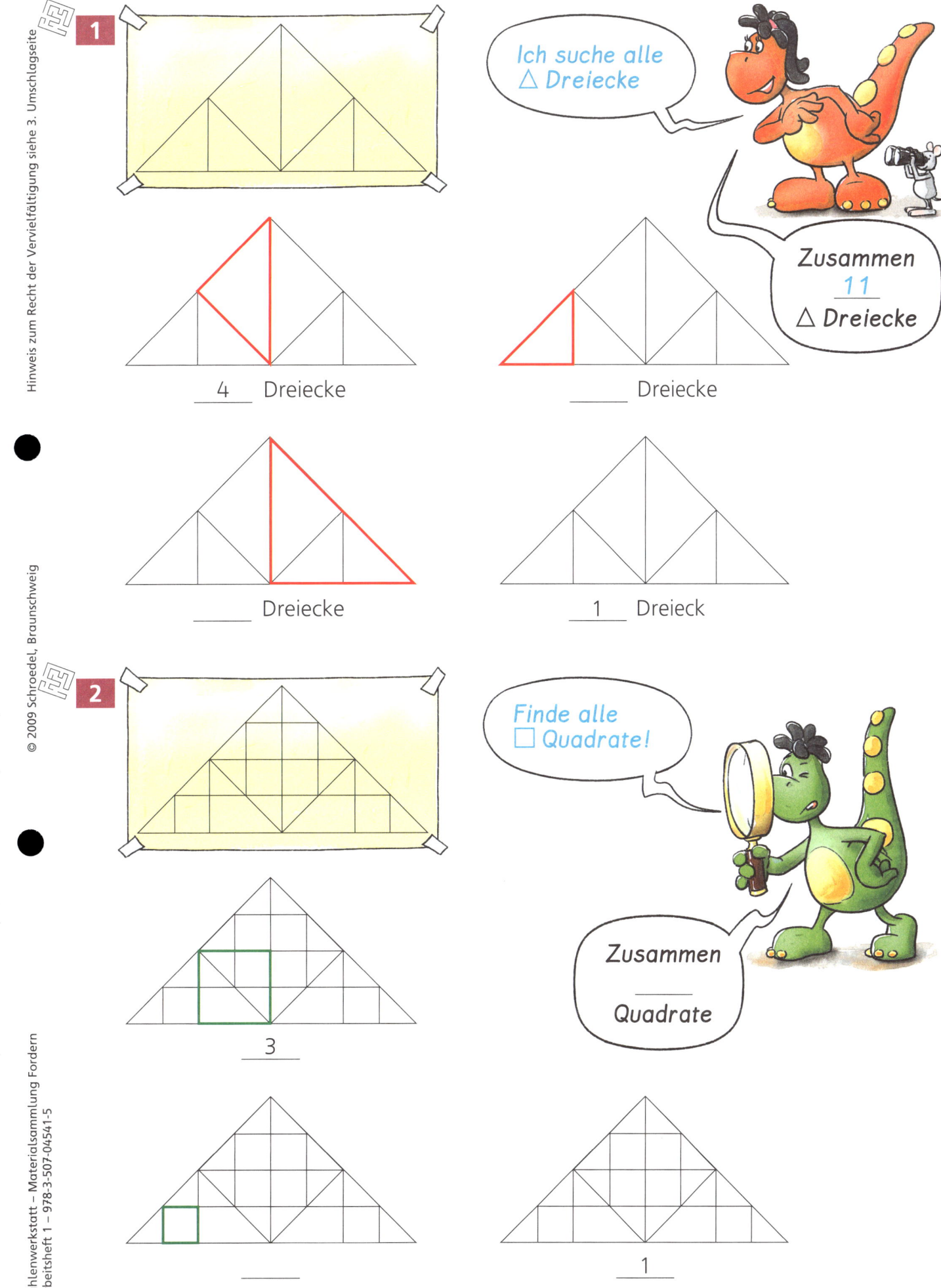

Hinweis zum Recht der Vervielfältigung siehe 3. Umschlagseite

© 2009 Schroedel, Braunschweig

Zahlenwerkstatt – Materialsammlung Fordern
Arbeitsheft 1 – 978-3-507-04541-5

1

Ich suche alle △ Dreiecke

Zusammen
11
△ Dreiecke

_4_ Dreiecke

____ Dreiecke

____ Dreiecke

_1_ Dreieck

2

Finde alle □ Quadrate!

Zusammen
____
Quadrate

_3_

____

_1_

1 14 – 3 = 11

2 3 – 2 = 1

3 11 – 1 = 10

4 Geht nicht!

Finde die Minustrauben.

♛ 1 · 16 7 3

♛ 2 · 13 5 1

♛ 3 · 18 9 2

♛ 4 · 18 7 5

♛ 5 · 21 10 4

♛ 6 · 16 12 4

♛ 7 · 19 3 12

♛ 8 · 9 9 6

1 Findest du diese Nulltrauben?

Es gibt immer mehrere Möglichkeiten!

2 Besondere Minustrauben: Finde alle!

Was fällt dir auf?
Die beiden mittleren Zahlen ergeben zusammen immer _____

3 Besondere Minustrauben: Finde alle!

Was fällt dir auf?
Die beiden mittleren Zahlen ergeben zusammen immer _____

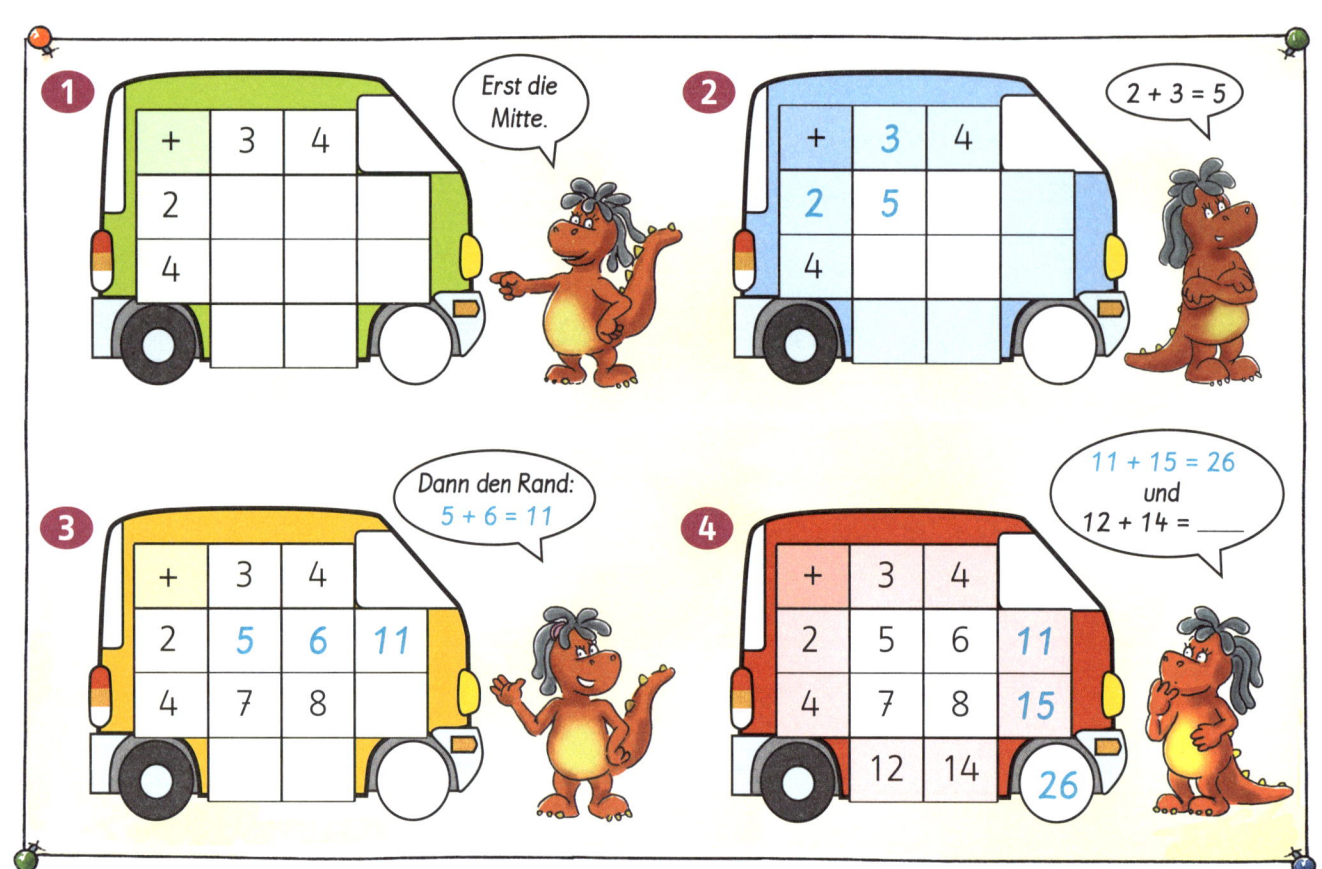

Plusmobile (1)

1
Erst die Mitte.
+ 3 4
2
4
2
2 + 3 = 5
+ 3 4
2 5
4
3
Dann den Rand: 5 + 6 = 11
+ 3 4
2 5 6 11
4 7 8
4
11 + 15 = 26 und 12 + 14 = ____
+ 3 4
2 5 6 11
4 7 8 15
12 14 26

1

+	3	1	
1			
2			

2

+	6	3	
0			
1			

3

+	1	3	
4			
0			

4

+	3	2	
4			
5			

5

+	1	3	
2			
5			

6

+	6	2	
0			
4			

Meine Plusmobile

1

+		
6		
2	5	8

2

+		4
2	7	
	11	

3

+	4	
4	4	
3		8

4

+		2
2		
3		
	7	

5

+	4	2
0		
		14

Noch mehr Plusmobile

7

+		
4		
0		14

(22)

6

+	3	1
		10
	16	

8

+		
2		
5		
	11	20

9

+		
2		7
2		
	20	

10

+		
2		
1	6	
	18	

1

+	1	2	
5			

18

2

+	1	2	
4			

18

3

+	1	2	
3			

18

4

+	1	2	
2			

18

5

+	1	2	
1			

18

6

+	1	2	
0			

18

7

+	1	3	

18

8

+	1	3	

18

9

+	1	3	

18

10

+	1	3	

18

11

+	1	3	

18

Radzahl immer 18!

18

Beispielaufgabe

Auf einer Feier treffen sich Mareike, Tanja, Tim und Heiko.
Die Kinder sind 5, 6, 7 und 8 Jahre alt.

	5 J.	6 J.	7 J.	8 J.
Mareike				
Tanja				
Tim				
Heiko				

- Tanja ist die älteste.
- Tim ist nicht 7 Jahre alt.
- Mareike ist die jüngste.

 1

Tanja ist die älteste.
Tanja ist 8 Jahre alt.
Alle anderen sind jünger.

	5 J.	6 J.	7 J.	8 J.
Mareike				−
Tanja	−	−	−	+
Tim				−
Heiko				−

2

Tim ist nicht 7 Jahre alt.

	5 J.	6 J.	7 J.	8 J.
Mareike				−
Tanja	−	−	−	+
Tim			−	−
Heiko				−

3

Mareike ist die jüngste.
Mareike ist 5 Jahre alt.
Alle anderen sind älter.

	5 J.	6 J.	7 J.	8 J.
Mareike	+	−	−	−
Tanja	−	−	−	+
Tim	−		−	−
Heiko	−			−

 4

Tim muss 6 Jahre alt sein.
Bleibt für Heiko nur noch das
Alter von 7 Jahren.

	5 J.	6 J.	7 J.	8 J.
Mareike	+	−	−	−
Tanja	−	−	−	+
Tim	−	+	−	−
Heiko	−	−	+	−

Alle Hinweise müssen zum Schluss
noch einmal überprüft werden.

---

1 Alle Kinder sind in verschiedenen Klassen. Wer geht in welche Klasse?

	1a	1b	2a	2b
Inga				
Jens				
Eveline				
Timo				

- Inga geht nicht in die 2. Klasse.
- Jens geht in die Klasse ____ a.
- Timo ist in der 2. Klasse.
- Eveline ist in der Klasse 1a.

1 Lieblingssportart

	Turnen	Handball	Schwimmen	Reiten
Marion				
Lukas				
Tobi				
Anna				

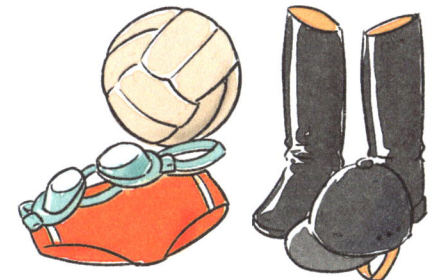

- Anna braucht einen Ball.
- Marion braucht kein Pferd.
- Lukas liebt das Wasser.

2 Lieblingsfach

	Mathe	Musik	Englisch	Sprache
Julius				
Anke				
Sven				
Celina				

- Ein Junge liebt Sprache.
- Sven und Celina mögen Mathe nicht.
- Anke liebt Englisch.

Zahlenwerkstatt – Materialsammlung Fordern
Arbeitsheft 1 – 978-3-507-04541-5

Logelei (1)

- Lies alle Sätze genau.

- Die farbigen Wörter im Text helfen dir.

- Benutze jedes farbige Wort nur einmal.

- Beginne mit den Wörtern, die du sofort in die Tabelle eintragen kannst.

- Lies alle Sätze noch einmal.

- Welcher Satz hilft dir weiter?

- Kannst du jetzt alle Sätze beantworten?

- Hast du alles ausgefüllt? Dann beantworte die Frage!

1 Es regnet

Kind			
Schirmfarbe			
Jackenfarbe			

- Lars ist links in der gelben Jacke.

- Jonas hat einen roten Schirm.

- Rechts ist der Schirm blau und die Jacke blau.

- Der Schirm von Robert ist nicht der weiße.

Wer hat eine grüne Jacke? _____

1 Drei Freundinnen

Alter			
Name			
Haarfarbe			

- Jana ist 8 Jahre alt.
- Das blonde Mädchen ist ganz rechts.
- Das 7 Jahre alte Mädchen hat braune Haare.
- Tina hat schwarze Haare.
- Andrea ist in der Mitte.

Wer ist 6 Jahre alt? _____

2 Bücher

Seiten			
Preis			
Leser			

- Das 80 Seiten dicke Buch kostet 9 €.
- Michelle bezahlt 7 €.
- Leon liest 60 Seiten.
- Das Buch rechts gehört Alena.
- Das Buch in der Mitte hat 70 Seiten.

Wer muss 8 € bezahlen? _____

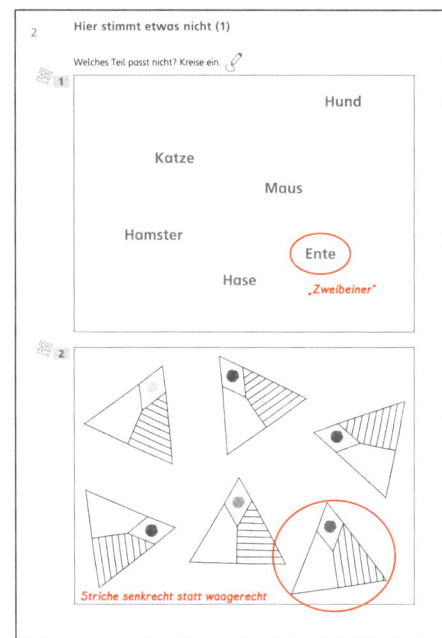

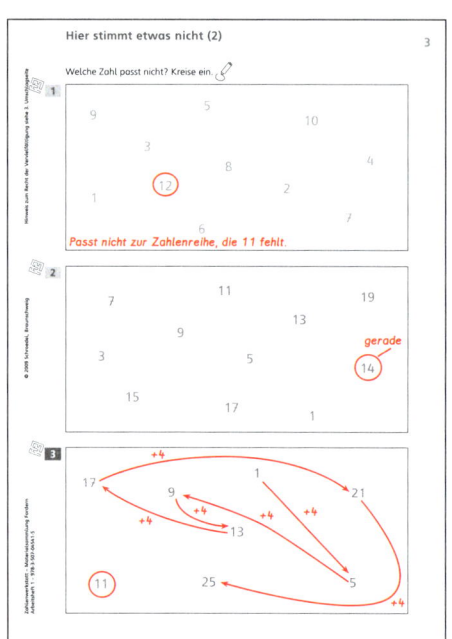

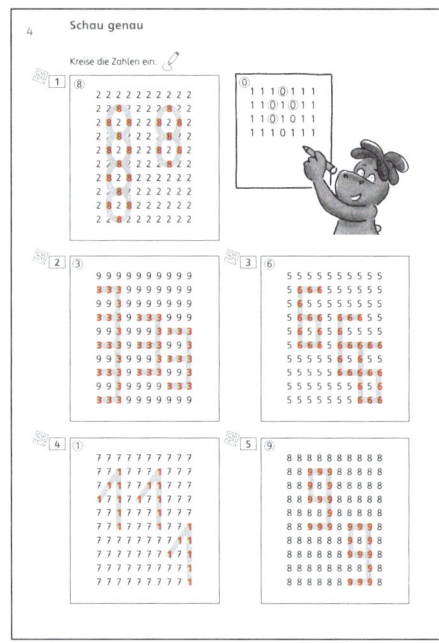

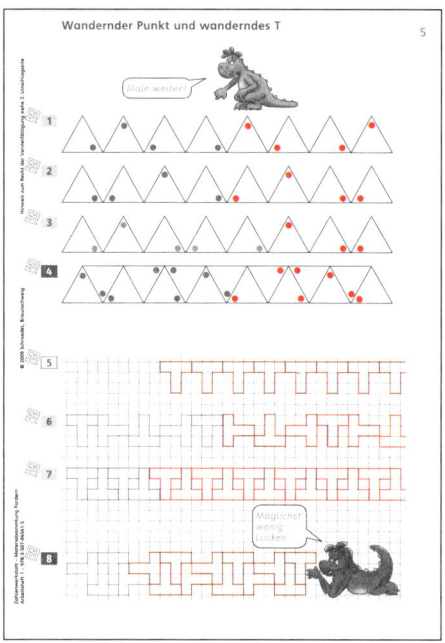

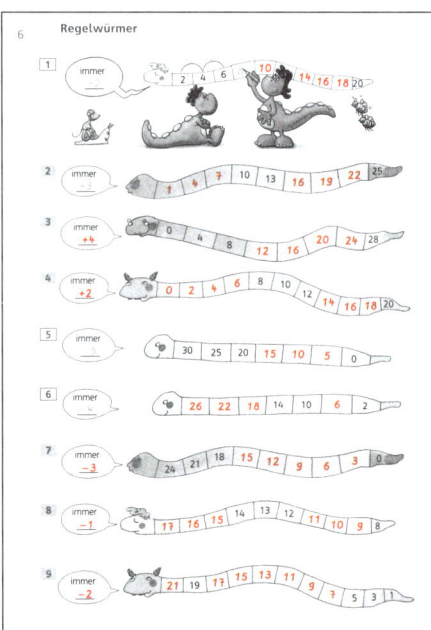

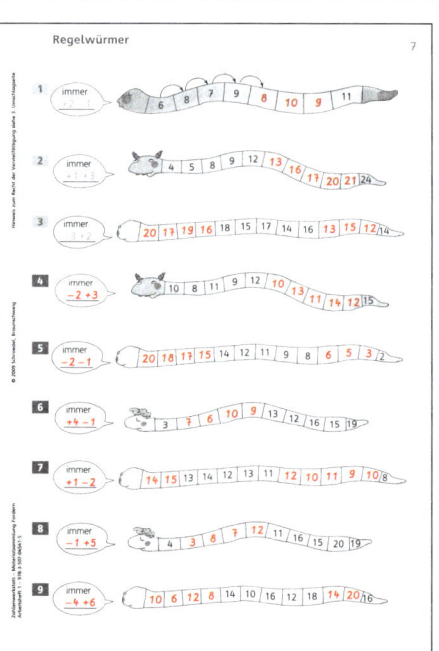

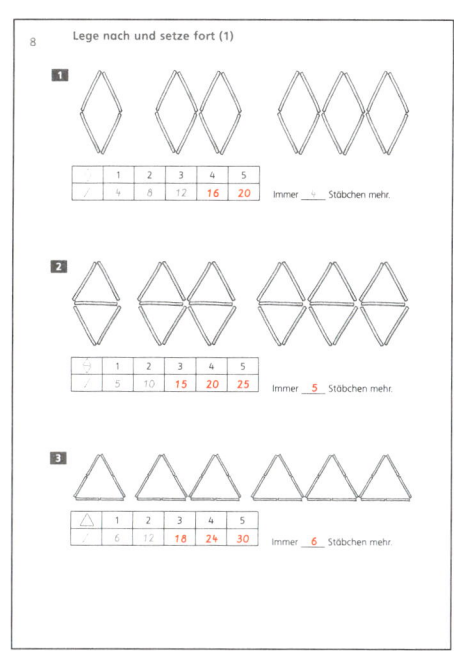

8 Lege nach und setze fort (1)

1

/	1	2	3	4	5
/	4	8	12	16	20

Immer _4_ Stäbchen mehr.

2

/	1	2	3	4	5
/	5	10	15	20	25

Immer _5_ Stäbchen mehr.

3

△	1	2	3	4	5
/	6	12	18	24	30

Immer _6_ Stäbchen mehr.

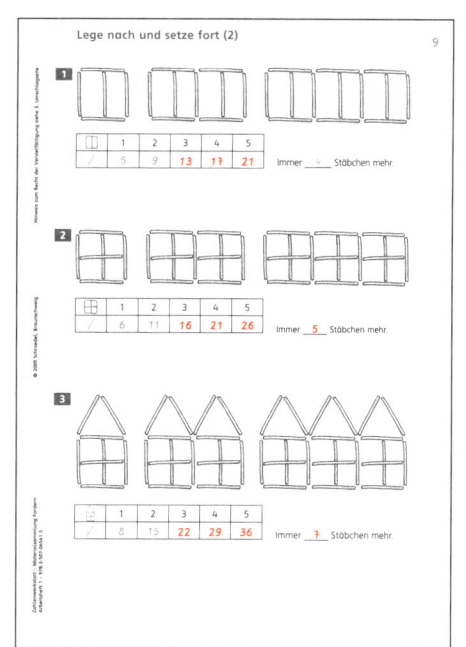

9 Lege nach und setze fort (2)

1

/	1	2	3	4	5
/	5	9	13	17	21

Immer _4_ Stäbchen mehr.

2

/	1	2	3	4	5
/	6	11	16	21	26

Immer _5_ Stäbchen mehr.

3

/	1	2	3	4	5
/	8	15	22	29	36

Immer _7_ Stäbchen mehr.

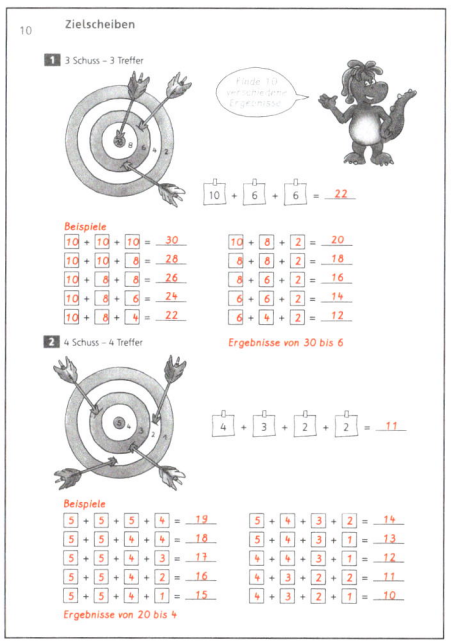

10 Zielscheiben

1 3 Schuss – 3 Treffer

Finde 10 verschiedene Ergebnisse.

$10 + 6 + 6 = 22$

Beispiele

$10 + 10 + 10 = 30$ $10 + 8 + 2 = 20$
$10 + 10 + 8 = 28$ $8 + 8 + 2 = 18$
$10 + 8 + 8 = 26$ $8 + 6 + 2 = 16$
$10 + 8 + 6 = 24$ $6 + 6 + 2 = 14$
$10 + 8 + 4 = 22$ $6 + 4 + 2 = 12$

Ergebnisse von 30 bis 6

2 4 Schuss – 4 Treffer

$4 + 3 + 2 + 2 = 11$

Beispiele

$5 + 5 + 5 + 4 = 19$ $5 + 4 + 3 + 2 = 14$
$5 + 5 + 4 + 4 = 18$ $5 + 4 + 3 + 1 = 13$
$5 + 5 + 4 + 3 = 17$ $4 + 4 + 3 + 1 = 12$
$5 + 5 + 4 + 2 = 16$ $4 + 3 + 2 + 2 = 11$
$5 + 5 + 4 + 1 = 15$ $4 + 3 + 2 + 1 = 10$

Ergebnisse von 20 bis 4

11 Meine Zielscheibe

Finde für deine Zielscheibe 10 verschiedene Ergebnisse.

Selbstgewählte Zahlen – es gibt viele verschiedene Möglichkeiten.

1 2 Schuss – 2 Treffer

2 3 Schuss – 3 Treffer

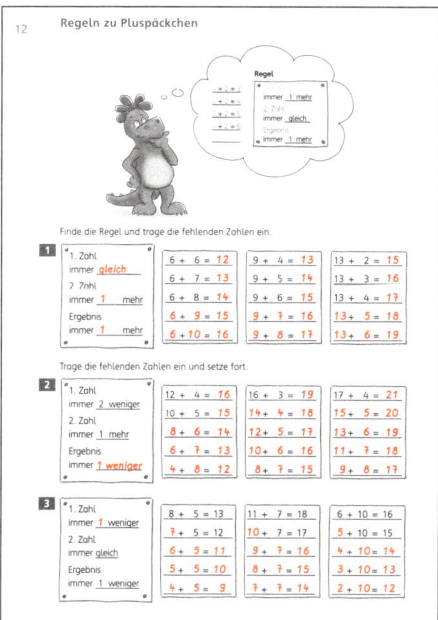

12 Regeln zu Pluspäckchen

Regel

1. Zahl immer _1 mehr_
2. Zahl immer _gleich_
Ergebnis immer _1 mehr_

Finde die Regel und trage die fehlenden Zahlen ein.

1
1. Zahl immer _gleich_
2. Zahl immer _1 mehr_
Ergebnis immer _1 mehr_

$6 + 6 = 12$	$9 + 4 = 13$	$13 + 2 = 15$
$6 + 7 = 13$	$9 + 5 = 14$	$13 + 3 = 16$
$6 + 8 = 14$	$9 + 6 = 15$	$13 + 4 = 17$
$6 + 9 = 15$	$9 + 7 = 16$	$13 + 5 = 18$
$6 + 10 = 16$	$9 + 8 = 17$	$13 + 6 = 19$

Trage die fehlenden Zahlen ein und setze fort.

2
1. Zahl immer _2 weniger_
2. Zahl immer _1 mehr_
Ergebnis immer _1 weniger_

$12 + 4 = 16$	$16 + 3 = 19$	$17 + 4 = 21$
$10 + 5 = 15$	$14 + 4 = 18$	$15 + 5 = 20$
$8 + 6 = 14$	$12 + 5 = 17$	$13 + 6 = 19$
$6 + 7 = 13$	$10 + 6 = 16$	$11 + 7 = 18$
$4 + 8 = 12$	$8 + 7 = 15$	$9 + 8 = 17$

3
1. Zahl immer _1 weniger_
2. Zahl immer _gleich_
Ergebnis immer _1 weniger_

$8 + 5 = 13$	$11 + 7 = 18$	$6 + 10 = 16$
$7 + 5 = 12$	$10 + 7 = 17$	$5 + 10 = 15$
$6 + 5 = 11$	$9 + 7 = 16$	$4 + 10 = 14$
$5 + 5 = 10$	$8 + 7 = 15$	$3 + 10 = 13$
$4 + 5 = 9$	$7 + 7 = 14$	$2 + 10 = 12$

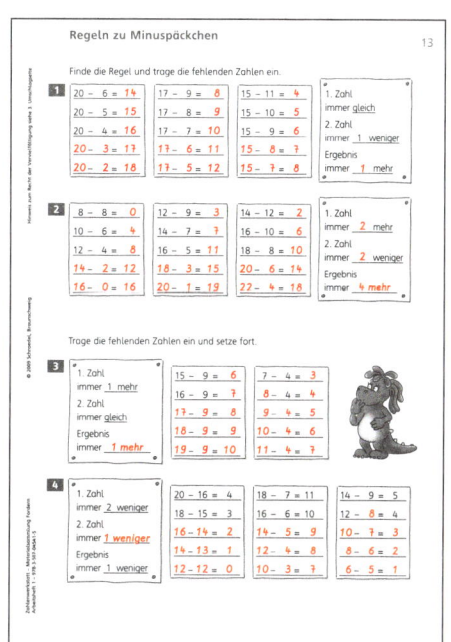

13 Regeln zu Minuspäckchen

Finde die Regel und trage die fehlenden Zahlen ein.

1

$20 - 6 = 14$	$17 - 9 = 8$	$15 - 11 = 4$
$20 - 5 = 15$	$17 - 8 = 9$	$15 - 10 = 5$
$20 - 4 = 16$	$17 - 7 = 10$	$15 - 9 = 6$
$20 - 3 = 17$	$17 - 6 = 11$	$15 - 8 = 7$
$20 - 2 = 18$	$17 - 5 = 12$	$15 - 7 = 8$

1. Zahl immer _gleich_
2. Zahl immer _1 weniger_
Ergebnis immer _1 mehr_

2

$8 - 8 = 0$	$12 - 9 = 3$	$14 - 12 = 2$
$10 - 6 = 4$	$14 - 7 = 7$	$16 - 10 = 6$
$12 - 4 = 8$	$16 - 5 = 11$	$18 - 8 = 10$
$14 - 2 = 12$	$18 - 3 = 15$	$20 - 6 = 14$
$16 - 0 = 16$	$20 - 1 = 19$	$22 - 4 = 18$

1. Zahl immer _2 mehr_
2. Zahl immer _2 weniger_
Ergebnis immer _4 mehr_

Trage die fehlenden Zahlen ein und setze fort.

3

$15 - 9 = 6$	$7 - 4 = 3$
$16 - 9 = 7$	$8 - 4 = 4$
$17 - 9 = 8$	$9 - 4 = 5$
$18 - 9 = 9$	$10 - 4 = 6$
$19 - 9 = 10$	$11 - 4 = 7$

1. Zahl immer _1 mehr_
2. Zahl immer _gleich_
Ergebnis immer _1 mehr_

4

$20 - 16 = 4$	$18 - 7 = 11$	$14 - 9 = 5$
$18 - 15 = 3$	$16 - 6 = 10$	$12 - 8 = 4$
$16 - 14 = 2$	$14 - 5 = 9$	$10 - 7 = 3$
$14 - 13 = 1$	$12 - 4 = 8$	$8 - 6 = 2$
$12 - 12 = 0$	$10 - 3 = 7$	$6 - 5 = 1$

1. Zahl immer _2 weniger_
2. Zahl immer _1 weniger_
Ergebnis immer _1 weniger_

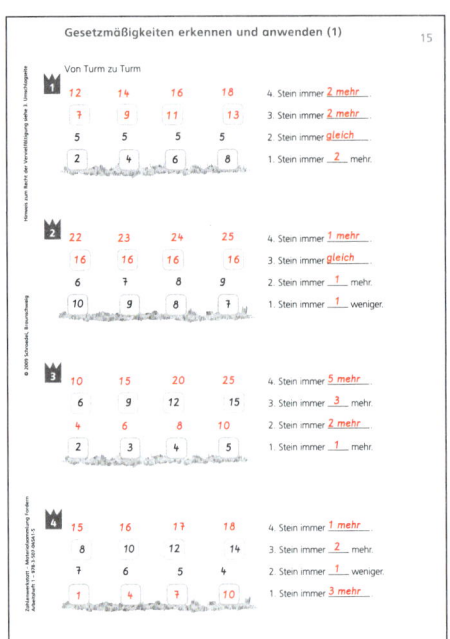

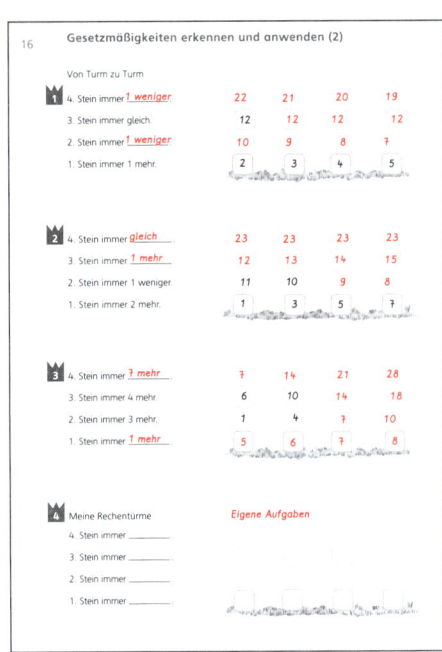

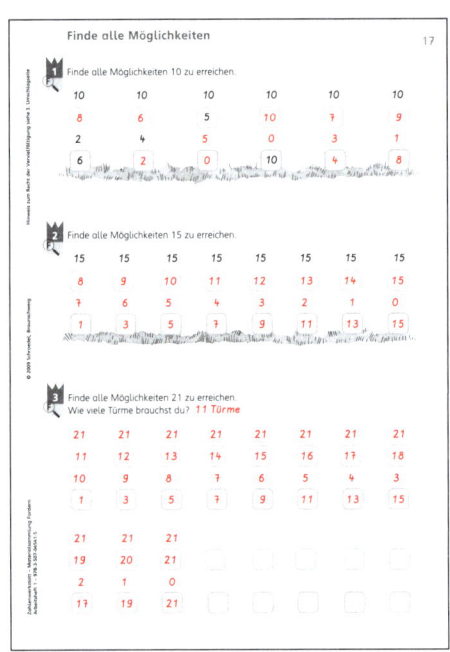

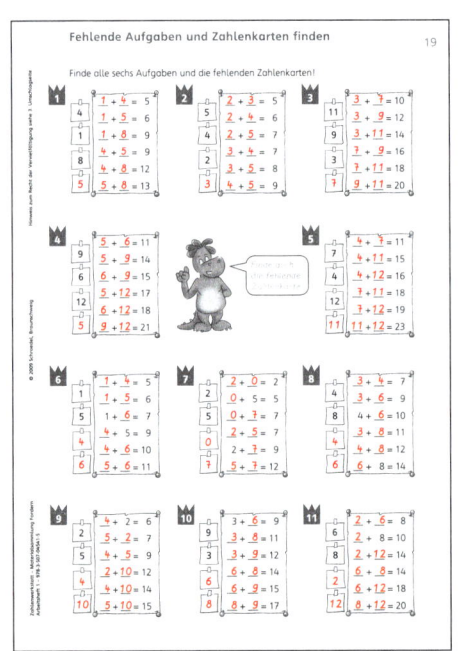

Lösungen

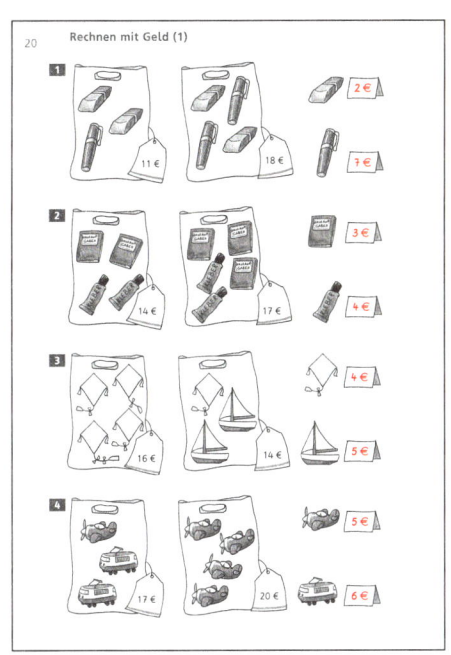

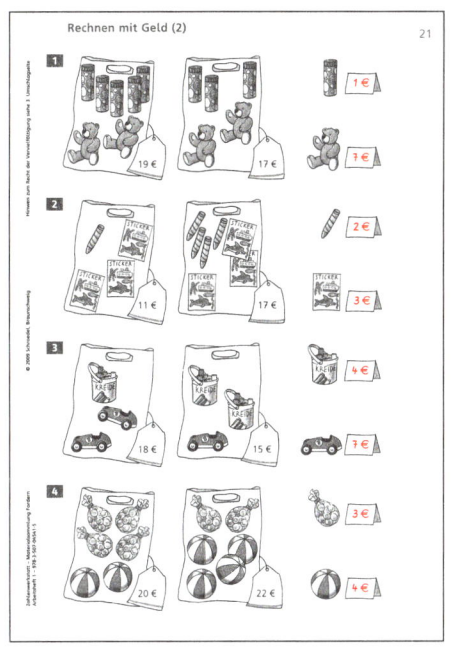

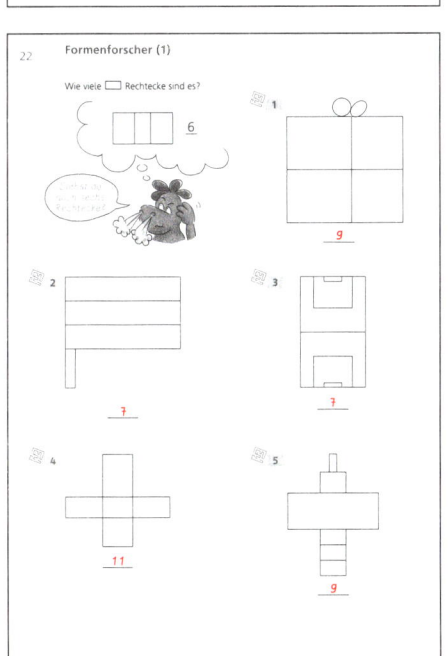

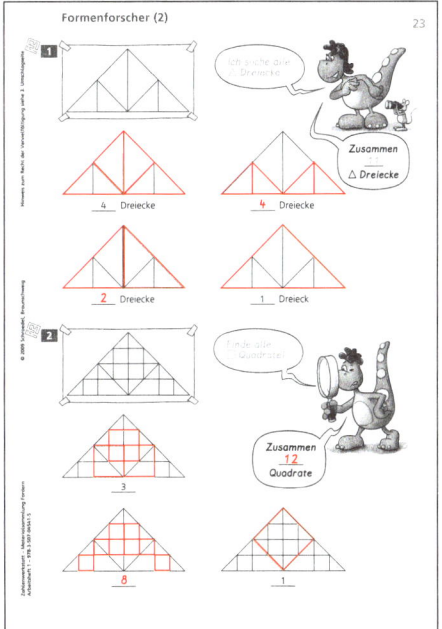

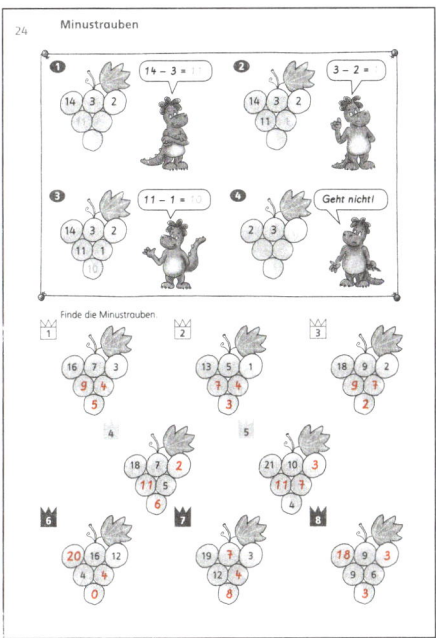

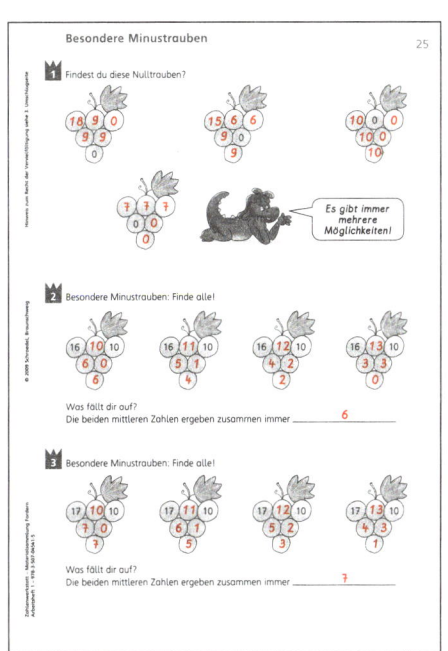

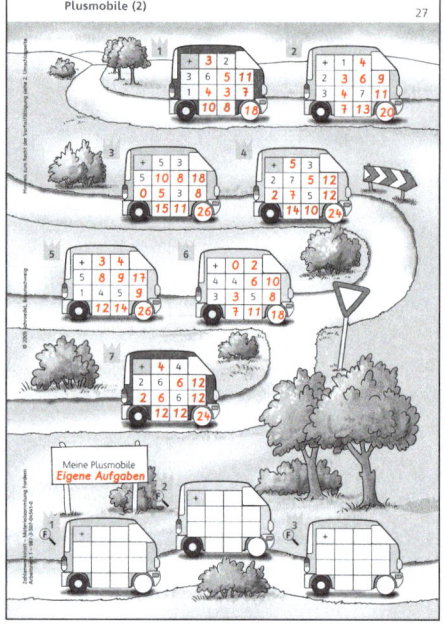

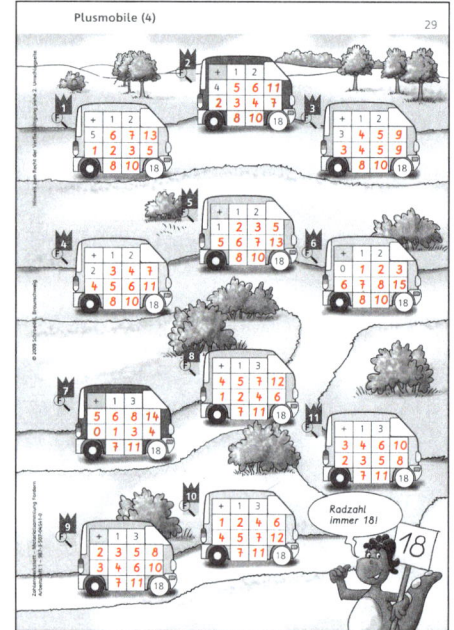

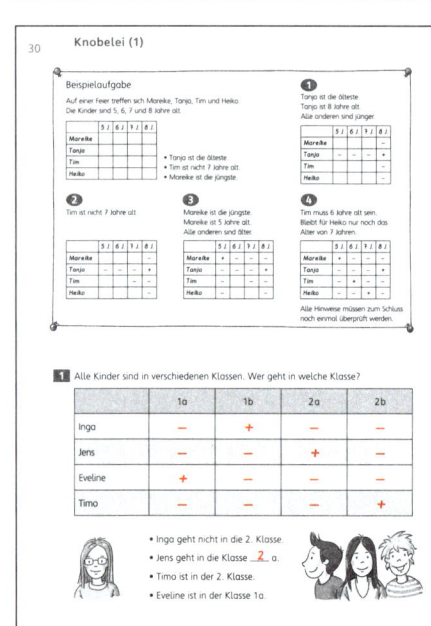

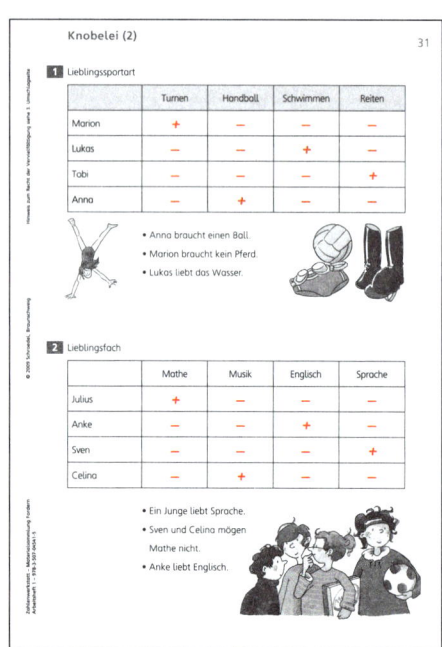

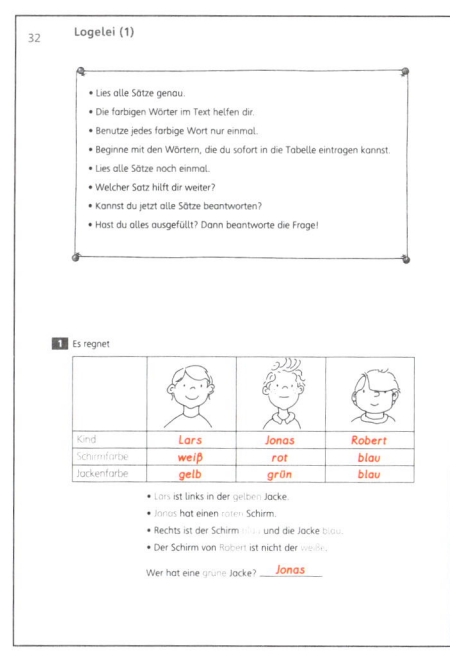

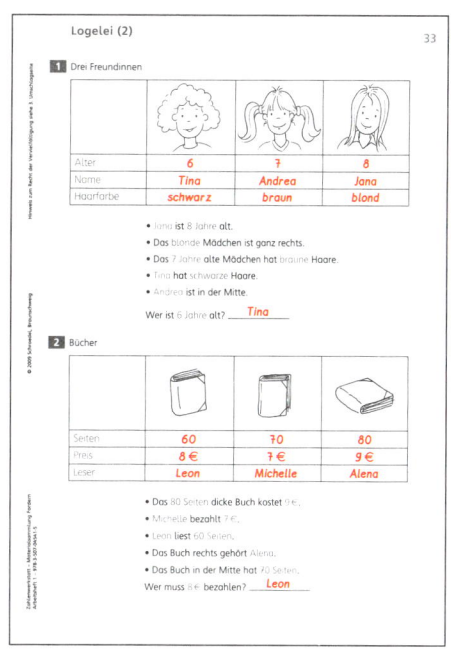